ÉTUDE PRATIQUE

SUR

LES MARÉES FLUVIALES

ET NOTAMMENT SUR

LE MASCARET.

LABORA ET NOLI
CONTRASTARI
ECCE

ÉTUDE PRATIQUE

SUR

LES MARÉES FLUVIALES

ET NOTAMMENT SUR

LE MASCARET,

APPLICATION AUX TRAVAUX DE LA PARTIE MARITIME DES FLEUVES,

PAR

M. COMOY,

INSPECTEUR GÉNÉRAL DES PONTS ET CHAUSSÉES EN RETRAITE,
COMMANDEUR DE LA LÉGION D'HONNEUR.

ATLAS.

PARIS,

GAUTHIER-VILLARS, IMPRIMEUR-LIBRAIRE

DU BUREAU DES LONGITUDES, DE L'ÉCOLE POLYTECHNIQUE,

DES COMPTES RENDUS DE L'ACADÉMIE DES SCIENCES,

Quai des Augustins, 55.

1881

TABLE DES PLANCHES.

Pl. IX. — Lieux géométriques des pleines mers et des basses mers des Marées de vive eau et de morte eau des 19 et 26 septembre 1876, aux différents postes d'observation des principaux fleuves de France.

Pl. X. — Courbes instantanées de la Marée de vive eau du 19 septembre 1876 sur les principaux fleuves à marée de France.

FIN DE LA TABLE DES PLANCHES.

Paris. — Imp. Gauthier-Villars, 55, quai des Grands-Augustins.

CÔTES DE L'ATLANTIQUE

DE BREST A L'ADOUR

Courbes locales de Marées observées dans le mois de Septembre 1878.

Nota: *Les hauteurs sont rapportées au **Zéro** du nivellement général de la France.*
Les heures sont celles du méridien du lieu.

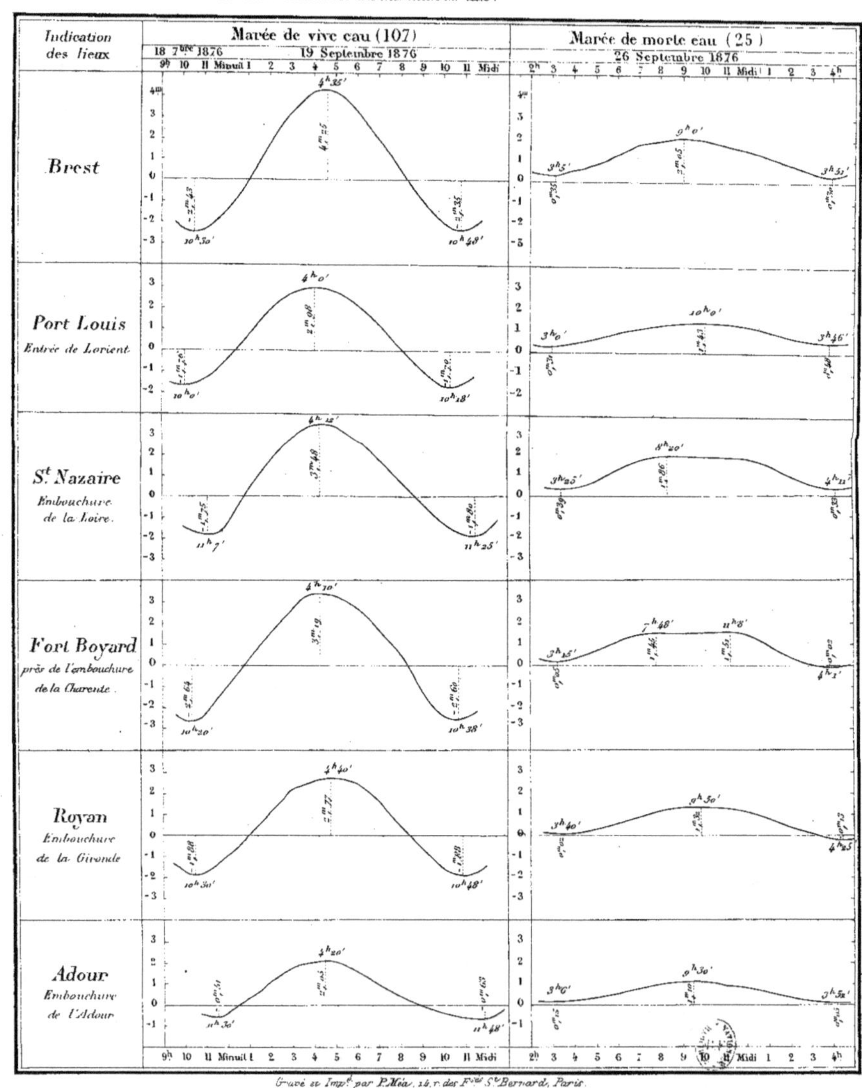

Gravé et Imp.t par P.Méa, 14, r. des F.ses St Bernard, Paris.

Pl. 2.

CÔTES DE LA MANCHE

DE BREST A DUNKERQUE

Courbes locales de Marées observées dans le mois de Septembre 1876.

Nota: Les hauteurs sont rapportées au Zéro du nivellement général de la France.
Les heures sont celles du méridien du lieu.

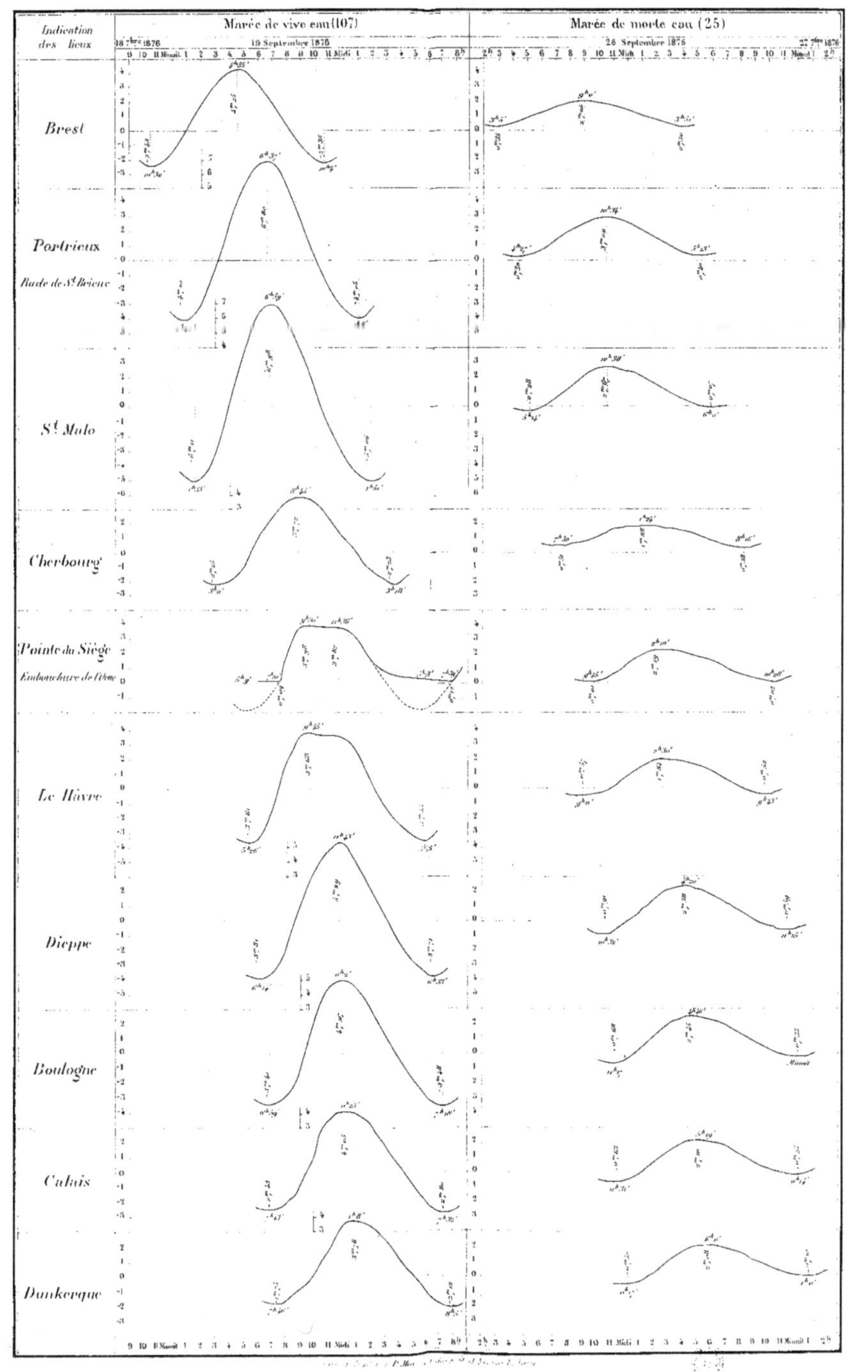

CÔTES DE LA PRESQU'ILE DU COTENTIN

Courbes locales de Marées de vive eau observées le 19 Septembre 1876.

Nota : Les hauteurs sont rapportées au Zéro du nivellement général de la France.
Les heures sont celles du méridien du lieu.

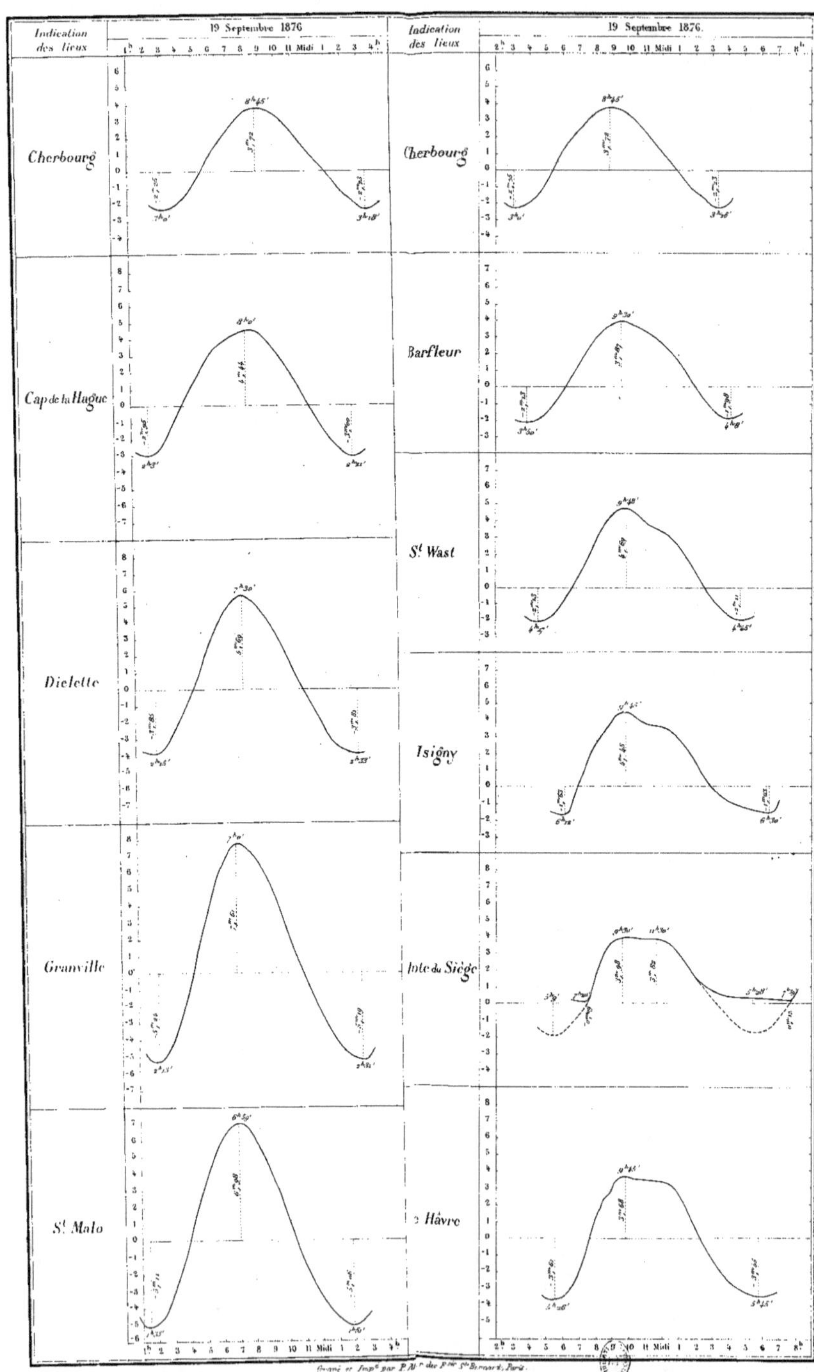

ADOUR

Courbes locales de Marées observées dans le mois de Septembre 1876.

Nota: Les hauteurs sont rapportés au Zéro du nivellement général de la France.
Les heures sont celles du méridien de l'embouchure de l'Adour.

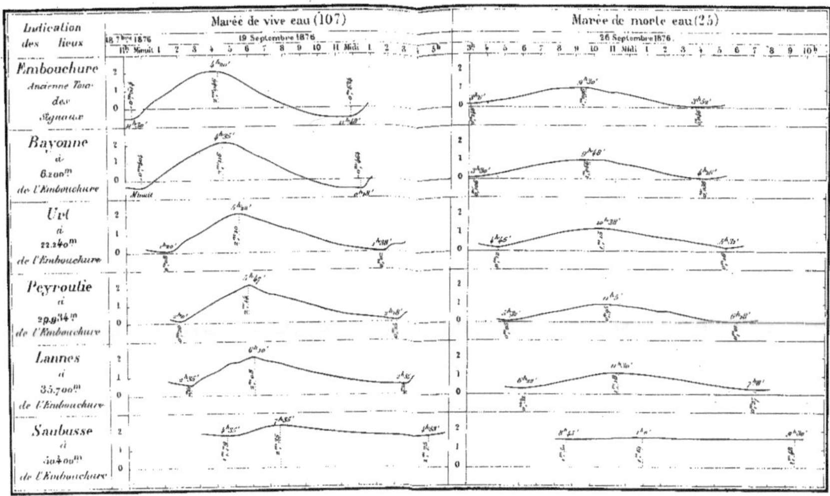

DORDOGNE

Courbes locales de Marées observé dans le mois de Septembre 1876.

Nota: Les hauteurs sont rapportés Zéro du nivellement général de la France.
Les heures sont celles du méri: de la Pointe de Grave.

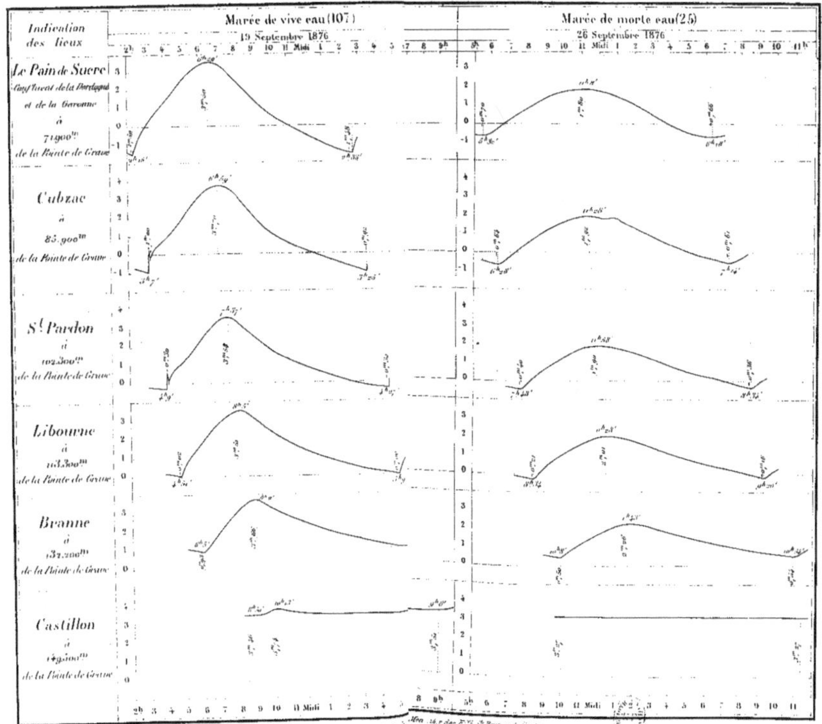

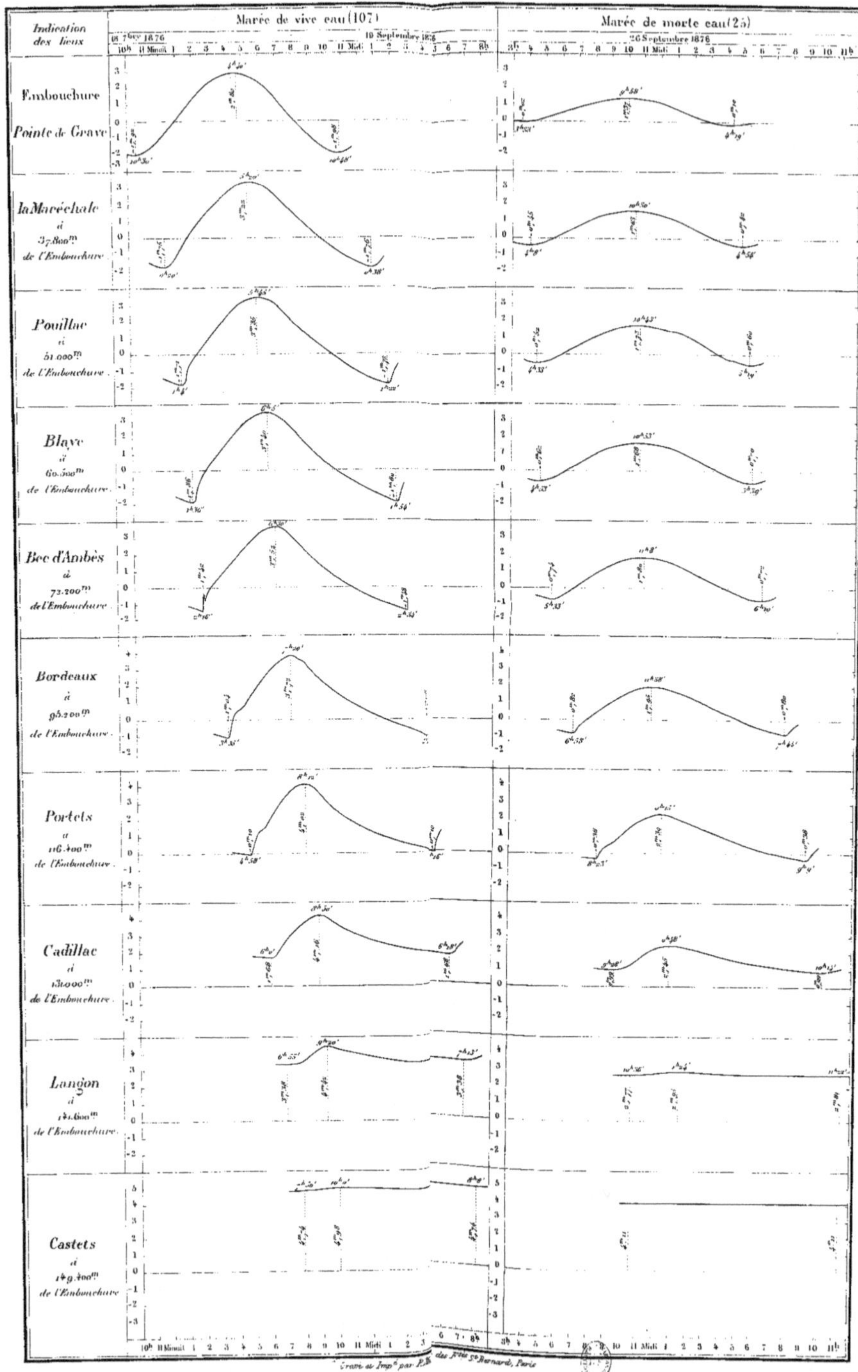

Pl. 5.
GIRONDE et GARONNE
Courbes locales de Marées observées dans le mois de Septembre 1876.
Nota: Les hauteurs sont rapportées au Zéro du nivellement général de la France.
Les heures sont celles du méridien de la Pointe de Grave.
Indication des lieux
Marée de vive eau (107)
Marée de morte eau (25)
18 7bre 1876
19 Septembre 1876
26 Septembre 1876
Embouchure
Pointe de Grave
la Maréchale à 37.800m de l'Embouchure
Pouillac à 51.000m de l'Embouchure
Blaye à 60.500m de l'Embouchure
Bec d'Ambès à 73.200m de l'Embouchure
Bordeaux à 98.200m de l'Embouchure
Portets à 116.400m de l'Embouchure
Cadillac à 134.000m de l'Embouchure
Langon à 141.600m de l'Embouchure
Castets à 149.400m de l'Embouchure
Gravé et Imp. par P.B. des Frères St Bernard, Paris

CHARENTE

Courbes locales de Marées observées dans le mois de Septembre 1876

Nota: Les hauteurs sont rapportées au Zéro du nivellement général de la France.
Les heures sont celles du méridien de Rochefort

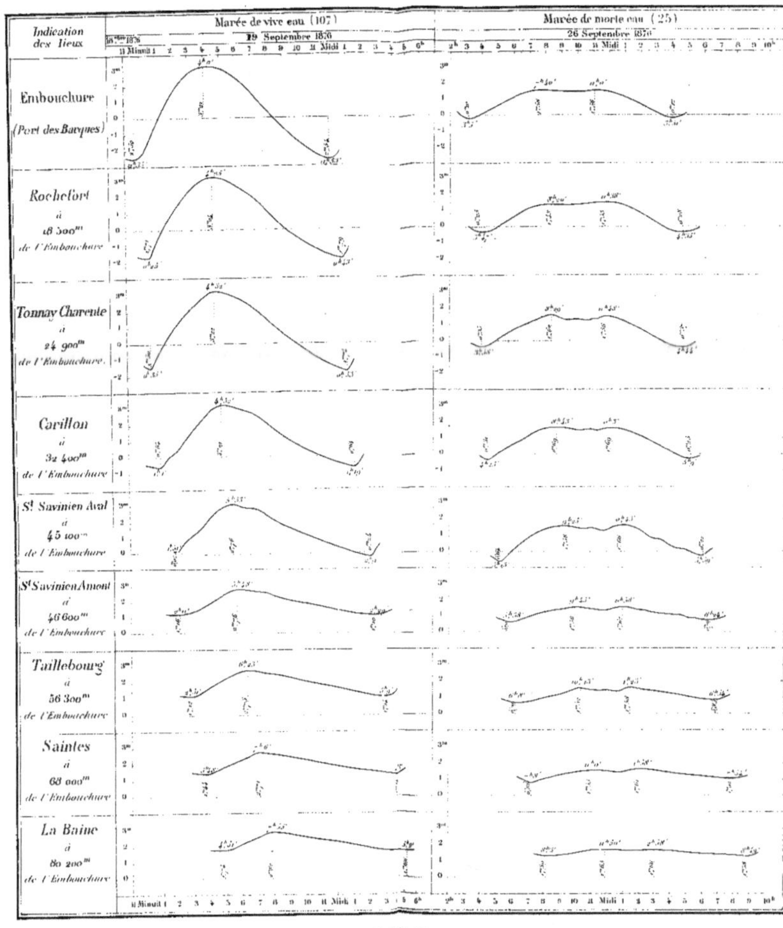

ORNE

Courbes locales de Marées observées dans le mois de Septembre 1876.

Nota: Les hauteurs sont rapportées au Zéro du nivellement général de la France.
Les heures sont celles du méridien de la Pointe du Siège.

LOIRE

Courbes locales de Marées observées dans le mois de Septembre 1876.

Nota : Les hauteurs sont rapportées au Zéro du nivellement général de la France.
Les heures sont celles du méridien de St Nazaire.

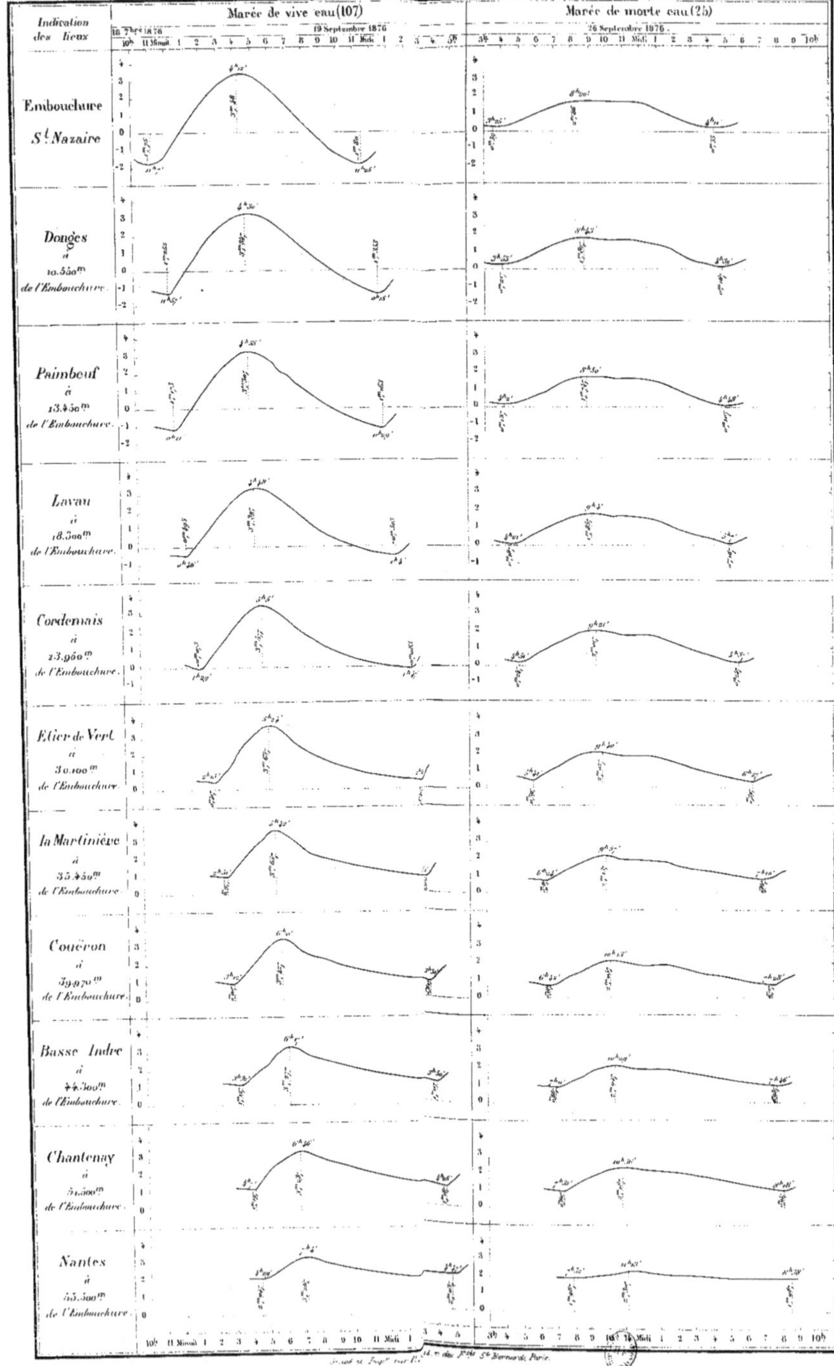

SEINE

Courbes locales de Marées observées dans le mois de Septembre 1876.

Nota : Les hauteurs sont rapportées au **Zéro** du nivellement général de la France
Les heures sont celles du méridien du **Havre**

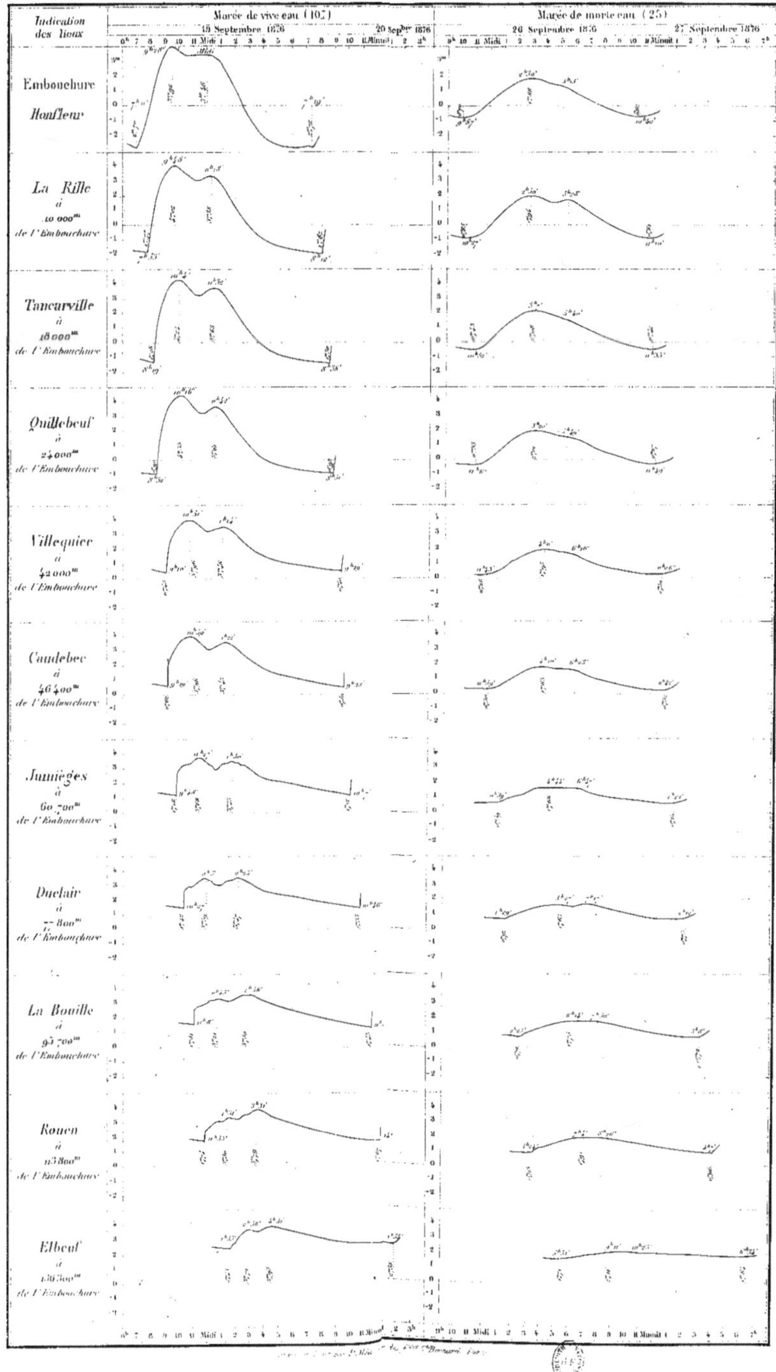

LIEUX GÉOMÉTRIQUES
DES PLEINES MERS ET DES BASSES MERS
des Marées de vive eau et de morte eau des 19 et 26 Septembre 1876,
aux différents postes d'observations des principaux fleuves de France

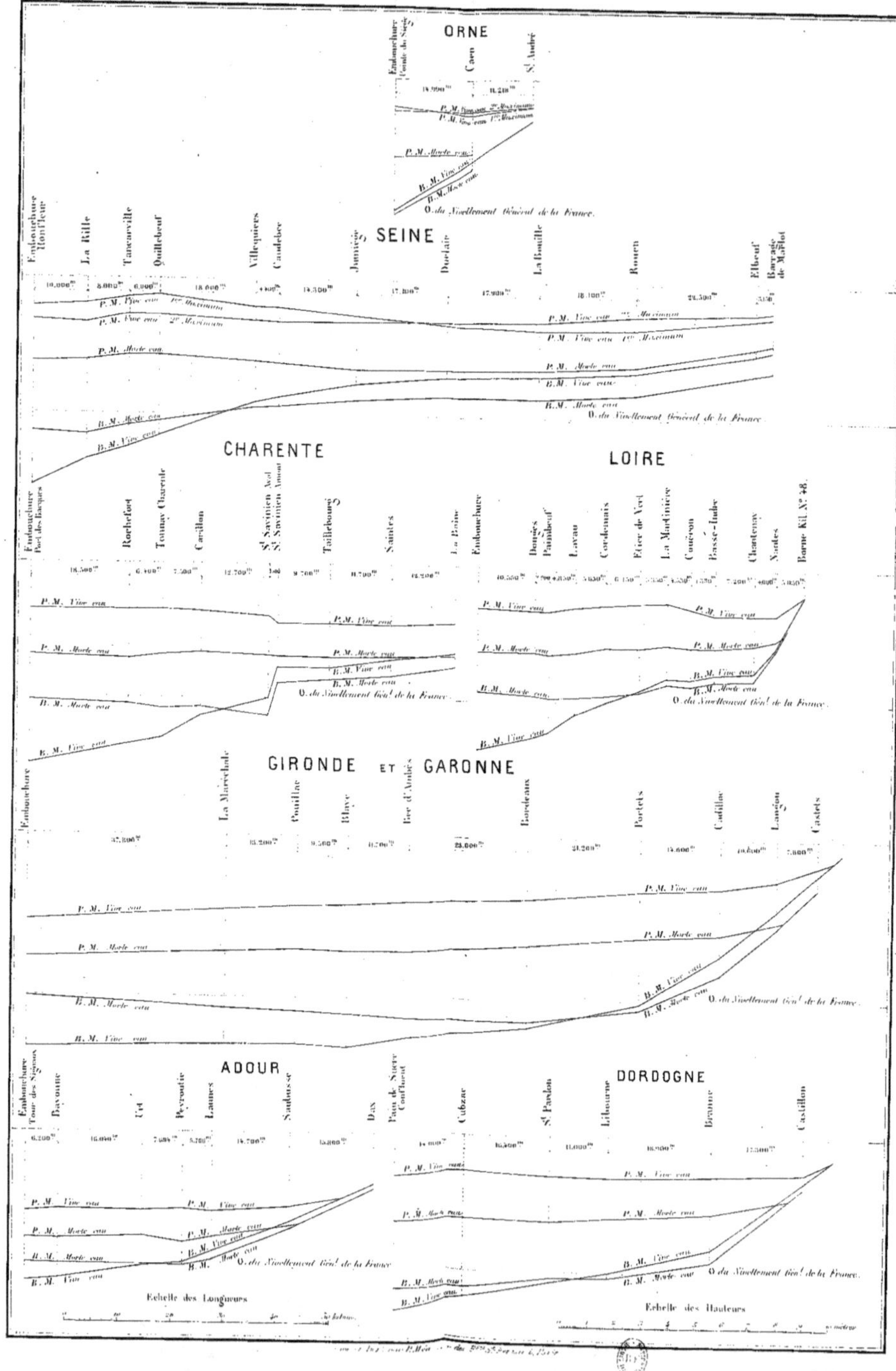

COURBES INSTANTANÉES
de la Marée de vive eau du 19 Septembre 1876
sur les principaux fleuves à marée de France.

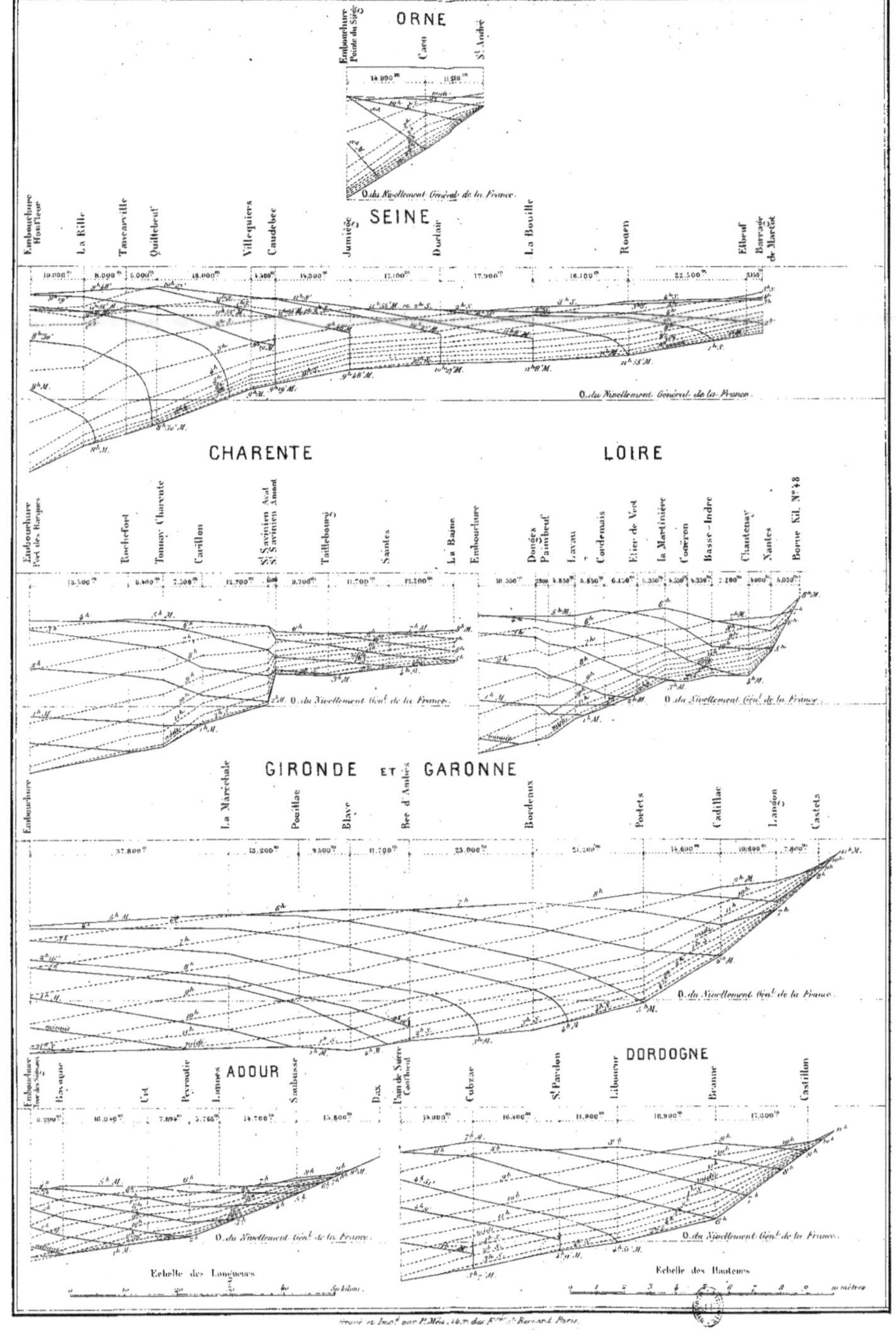

www.ingramcontent.com/pod-product-compliance
Lightning Source LLC
LaVergne TN
LVHW021645170726
843501LV00007B/2425